サイパー思考力算数練習帳シリーズ

シリーズ５２

面積図 １

JN123080

面積図の基本・平均算・つるかめ算（速さの問題を含む）

小数範囲：四則計算が正確にできること
平均、速さの基礎が理解できていること

◆ **本書の特長**

1、算数・数学の考え方の重要な基礎であり、中学受験のする上での重要な要素である数の性質の中で、本書は公約数・公倍数の応用について詳しく説明しています。

2、自分ひとりで考えて解けるように工夫して作成されています。他のサイパー思考力算数練習帳と同様に、**教え込まなくても学習できる**ように構成されています。

3、かけ算（わり算）で解くさまざまな問題について、面積図を用いて解く方法を学びます。

◆ **サイパー思考力算数練習帳シリーズについて**

ある問題について同じ種類・同じレベルの問題をくりかえし練習することによって、確かな定着が得られます。

そこで、中学入試につながる文章題について、同種類・同レベルの問題をくりかえし練習することができる教材を作成しました。

◆ **指導上の注意**

① 解けない問題、本人が悩んでいる問題については、お母さん（お父さん）が説明してあげて下さい。その時に、できるだけ具体的なものにたとえて説明してあげると良くわかります。

② お母さん（お父さん）はあくまでも補助で、問題を解くのはお子さん本人です。お子さんの達成感を満たすためには、「解き方」から「答」までの全てを教えてしまわないで下さい。教える場合はヒントを与える程度にしておき、本人が自力で答を出すのを待ってあげて下さい。

③ お子さんのやる気が低くなってきていると感じたら、無理にさせないで下さい。お子さんが興味を示す別の問題をさせるのも良いでしょう。

④ 丸付けは、その場でしてあげて下さい。フィードバック（自分のやった行為が正しいかどうか評価を受けること）は早ければ早いほど、本人の学習意欲と定着につながります。

もくじ

面積図の考え方

長方形の面積の求め方

これはもう学習していますね。長方形の面積は

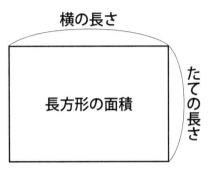

たての長さ×横の長さ＝長方形の面積

で求めることができます。

たて３cm、横４cmの長方形の場合、

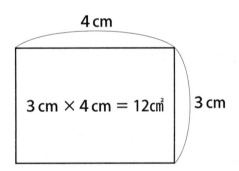

3cm×4cm＝12㎠

となります。長方形の向きは関係ありませんから、**横の長さ×たての長さ＝長方形の面積**と考えても、全く問題ありません。**4cm×3cm＝12㎠**と解いてももちろん正解です。

長方形の面積は、かけ算で求めることができます。この、長方形の面積の解き方を利用して、かけ算の問題を面積の図で表してみよう、というのが「面積図」の考え方の基本です。

例題１、６人の子供に、１人３本ずつえんぴつをあげることにしました。えんぴつは全部で何本必要ですか。

かんたんですね。１人３本を６人にあげるのですから、

式：３本×６人＝１８本　　　　<u>答：１８本</u>　　　です。

面積図の考え方

さて、これを面積図にあてはめてみましょう。

式は「3×6＝18」ですから「3」と「6」が長方形のたてと横、「18」が面積となります。

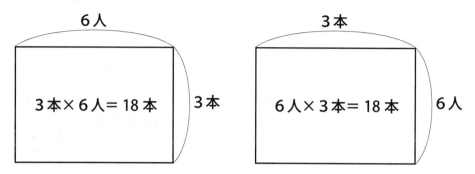

6人
3本×6人＝18本
3本

3本
6人×3本＝18本
6人

たてと横は、逆でもかまいません。また、たて・横のどちらを長く書いてもかまいません。「3本」と「6人」は単位が異なるので、その大きさを比べることはできないからです。

どちらをたてにするか横にするかは、その解き方によってやりやすい方法がありますから、これから少しずつ学んでいきましょう。

面積図は、その考え方が大切なので、かりに、たて・横の単位が同じであっても、その長さの大小を気にする必要はありません。

例題2、例にならって、それぞれ面積図の（　　）にあてはまる数字を書き入れましょう。

例、5人の子供が、1人40円ずつもっています。全部で何円ありますか。

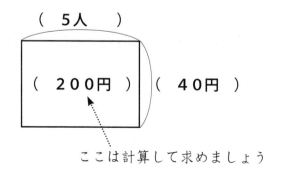

（　5人　）

（　200円　）（　40円　）

ここは計算して求めましょう

面積図の考え方

①、８人の子供が、１人２０円ずつもっています。全部で何円ありますか。

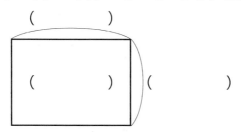

②、カブトムシが７匹います。足は全部で何本ですか。（カブトムシは６本足です）

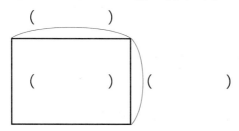

③、５ｍのリボンを３０本用意します。リボンは全部で何ｍ必要ですか。

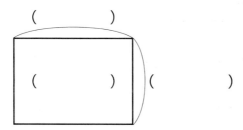

④、ジュースを１人に４dL ずつ、９人の子供にあげます。全部で何 dL 必要ですか。

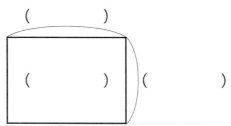

例題２の解答　下線の部分は計算で求めましょう（たてと横は、逆でもかまいません）

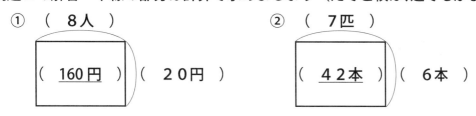

面積図の考え方

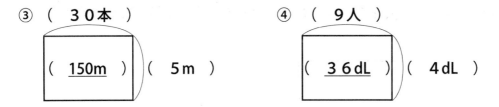

③ （　３０本　）
（　150m　）（　5m　）

④ （　９人　）
（　３６dL　）（　4dL　）

例題３、分速７０ｍで５分間歩きました。全部で何ｍ歩きましたか。

速さの問題も、基本は「かけ算」ですので、面積図に表すことができます。

$$速さ　×　時間　＝　道のり$$

一般に、速さの面積図は、たてに「速さ」、横に「時間」をとり、面積が「道のり」になります。

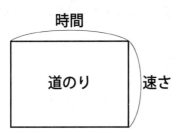

時間

道のり　速さ

例題３の場合、速さ＝分速７０ｍ、時間＝５分ですので、下のような面積図に表せます。

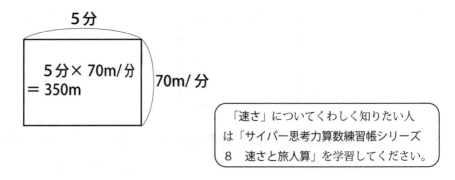

５分

５分×70m/分
＝350m

70m/分

「速さ」についてくわしく知りたい人
は「サイパー思考力算数練習帳シリーズ
８　速さと旅人算」を学習してください。

例題４、それぞれ面積図の（　　）にあてはまる数字を書き入れましょう。
　①、分速８０ｍで６分間歩きました。全部で何ｍ歩きましたか。

面積図の考え方

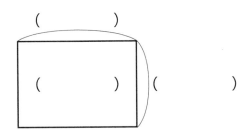

②、６００ｍの道のりを、分速７５ｍで歩きました。全部で何分間歩きましたか。

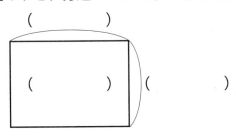

③、７８０ｍの道のりを、同じ速さで１２分間で歩きました。歩いた速さは分速何ｍですか。

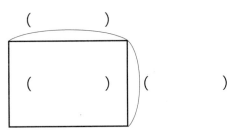

例題４の解答　下線の部分は計算で求めましょう。

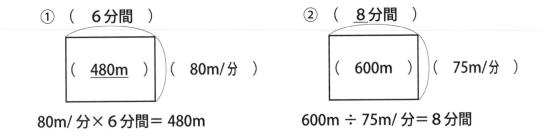

① （　６分間　）
（　<u>480m</u>　）（　80m/分　）

80m/分×６分間＝480m

② （　８分間　）
（　600m　）（　75m/分　）

600m÷75m/分＝８分間

面積図の考え方

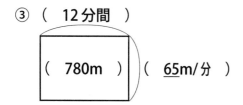

③ （　12分間　）

（　780m　）（　65m/分　）

780m ÷ 12 分間 ＝ 65m/ 分

例題 5、例にならって、それぞれ面積図の（　　）にあてはまる数字を書き入れましょう。

　例、5 人の子供が、同じ金額ずつもっています。全部で６００円ありました。1 人何円ずつもっていますか。

　これは、割り算の問題ですね。普通は６００円÷５人＝１２０円と解きます。しかしこれを５人の子供が、1 人□円ずつもっていると、全部で６００円ありましたと考えると、□円×５人＝６００円と考えることもできます。そうすると、これはかけ算の問題なので、面積図で表すことができます。

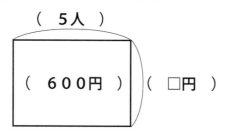

（　5人　）

（　６００円　）（　□円　）

　□の部分は６００円÷５人＝１２０円で求めることができます（逆算の考え方）。

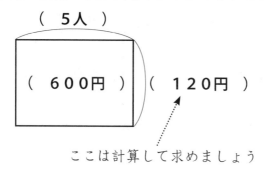

（　5人　）

（　６００円　）（　１２０円　）

ここは計算して求めましょう

「逆算」についてくわしく知りたい人は「サイパー思考力算数練習帳シリーズ４３・４４　逆算の特訓」を学習してください。

面積図の考え方

①、8人の子供が、同じ金額ずつもっています。全部で480円ありました。1人何円ずつ持っていますか。

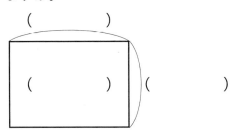

②、カブトムシが何匹かいます。足は全部で54本でした。カブトムシは何匹いますか。

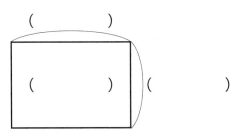

③、7mのリボンを何本か用意すると、全部で56m必要でした。リボンは何本用意しましたか。

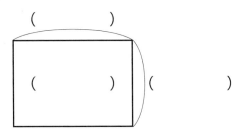

④、9人の子供にジュースを同じ量ずつあげると、全部で45dL必要でした。1人に何dLずつあげましたか。

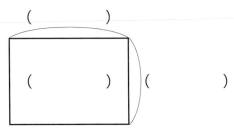

面積図の考え方

例題５の解答　下線の部分は計算で求めましょう（たてと横は、逆でもかまいません）

① （　８人　）

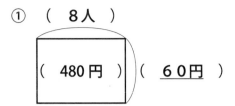

（　480円　）（　<u>６０円</u>　）

② （　<u>９匹</u>　）

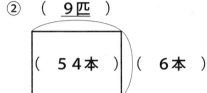

（　<u>５４本</u>　）（　６本　）

③ （　<u>８本</u>　）

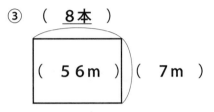

（　５６m　）（　7m　）

④ （　９人　）

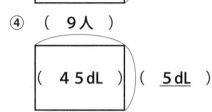

（　４５dL　）（　<u>5dL</u>　）

◆　　◆　　◆　　◆　　◆　　◆　　◆

（　　）に数字を書き入れましょう。

問題１、８０ページの本を５冊読みました。全部で何ページ読みましたか。

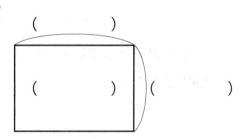

問題２、えんぴつが７ダースあります。全部で何本ありますか。（１ダース＝１２本）

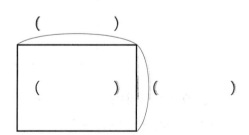

問題３、水２L入りのペットボトルを何本か用意すると、全部で４６Lありました。ペットボトルは何本用意しましたか。

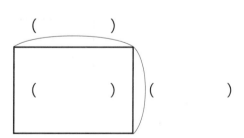

平均算

「平均」とは

　平均とは、２つ以上の数値を、すべて等しいとならして考えることです。

　例えば「３と５の平均」は、その中間の「４」なります。

　棒グラフに書くと、次のようになります。(後の面積図に対応できるように、たての棒グラフで表します)

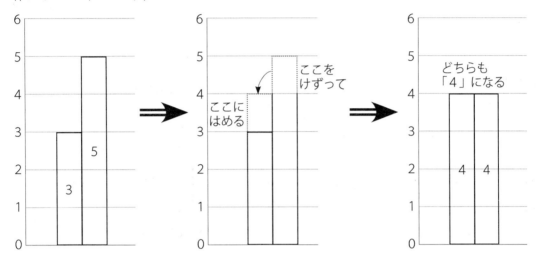

　これを式で表すと　　（３＋５）÷２＝４　　となります。

　「３と５と４と６の平均」は下図のようになり

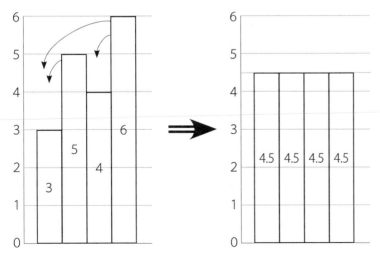

平均算

式で表すと　　（３＋５＋４＋６）÷４＝４.５
となります。

　この、「全部同じにならした」数
（ここでは「４.５」）を「平均」と言います。

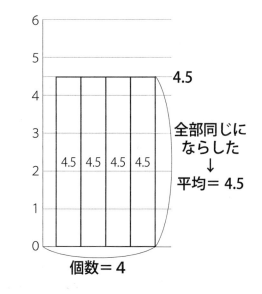

　式にすると

　平均＝合計÷個数（回数など）…①

　①の式を変形すると
　合計＝平均×個数（回数）…②
　個数（回数）＝合計÷平均…③

となります。②のようにかけ算の式になるものは、
面積図で表せます。上の棒グラフで書いたものは、
そのまま面積図となります。

　ならす前とならした後の合計は、必ず等しくなります。この場合ですと、ならす前
の合計「３＋５＋４＋６」とならした後の合計「４.５×４」は等しくなります。
　つまり面積図にした場合、ならす前の面積とならした後の面積は等しくなります。

例題６、 たろうくんはある本
　　　を、おとつい７ページ、
　　　きのう９ページ、今日
　　　１４ページ読みました。
　　　１日に読んだ平均は何
　　　ページですか。

　これは式で解くと良いで
しょう。

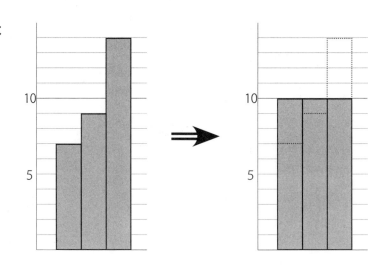

平均算

　　　（7ページ＋9ページ＋14ページ）÷3日＝10ページ

　　　　　　　　　　　　　　　　　　　　答、　10ページ　

例題7、じろうくんはある本を4日間で52ページ読みました。1日平均何ページ読
　　みましたか。

　これも式でかんたんに解けますが、面積図も書きましょう。

　52ページ÷4日＝13ページ　　　　　　　　　　　　答、　13ページ　

例題8、さぶろうくんはある本を毎日平均11ページ読むと、ちょうど7日間で全部
　　読めました。本は全部で何ページでしたか。

　　　　　　　　　　　　　　　　　　（　　　）数字を書き入れて、
　　　　　　　　　　　　　　　　面積図と式を完成させましょう。

　　　（　　　）ページ×（　　　）日＝（　　　）ページ
　　　　　　　　　　　　　　　　　答、　　　　　ページ　

例題8の解答

　面積図の「たて」が「平均」、「横」が「日数」になり
ます。

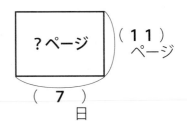

　　（11）ページ×（7）日＝（77）ページ
　　　　　　　　　　答、　77　ページ　

例題9、しろうくんは全部で120ページの本を毎日平均15ページ読みました。何
　　日で読み終わりましたか。

平均算

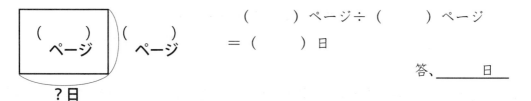

（　　　）ページ÷（　　　）ページ
＝（　　　）日

答、＿＿＿＿日

例題９の解答

　面積図の「面積」が「全ページ」、「たて」が「平均」になります。

　　（１２０）ページ÷（１５）ページ
　＝（８）日

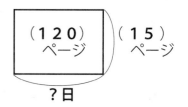

答、＿８＿日

◆　　　◆　　　◆　　　◆　　　◆　　　◆　　　◆

（　　）に数字を書き入れましょう。計算の必要なところは計算して答えましょう。

問題４、はなこさんはある本を５日間で４５ページ読みました。１日平均何ページ読みましたか。

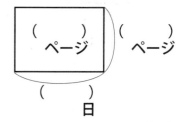

問題５、ゆりこさんはキャンディーを毎日平均８個食べると、ちょうど１２日間で全部食べ終わり。キャンディーは全部で何個ありましたか。

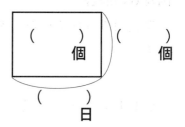

問題６、さくらさんは全部で１５０dLの牛乳を毎日平均２５dLずつ飲みました。何日で飲み終わりましたか。

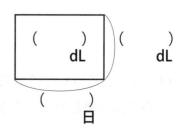

平均算

◆   ◆   ◆   ◆   ◆   ◆   ◆

例題１０、ごろうくんは７５ページの本を５日間でちょうど読み切りました。最初の４日は平均１４ページ読みました。最後の１日は何ページ読みましたか。

面積図は下のような図になります。

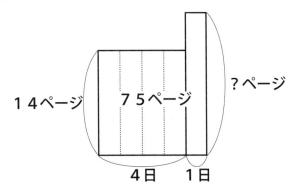

最後の１日に読んだページが１４ページより少ないかも知れないので、あるいは下のような図になります。

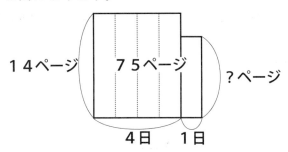

考える時には、どちらの図でもかまいません。とりあえず、上の方の面積図で考えましょう。

また、最初の４日を分ける点線もなくてもかまいません。下の図を基本に考えていて行きましょう。

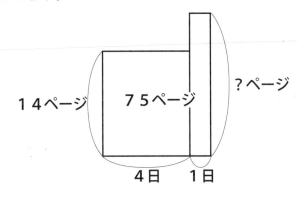

平均算

【図1】

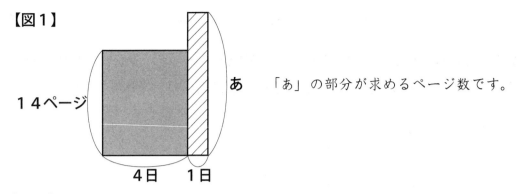

「あ」の部分が求めるページ数です。

【図1】で、左の灰色の長方形の部分の面積は　　１４ページ×４日＝５６ページです。

この図全体が７５ページでしたから、右の斜線（しゃせん）の長方形の面積は

７５ページ－５６ページ＝１９ページ

あ＝１９ページ÷１日＝１９ページ　　　　　　　答、＿＿１９ページ＿＿

例題１１、みどりさんは１週間、毎日おこづかいをためました。最初の３日は平均
　　　７０円ため、残りの４日は平均１４０円ためました。みどりさんは毎日平均何円
　　　ためたことになりますか。

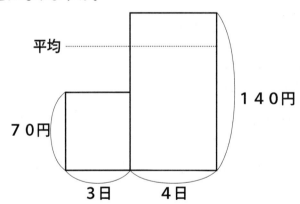

左の長方形の面積は　　　７０円×３日＝２１０円

右の長方形の面積は　　　１４０円×４日＝５６０円

この面積図全体の面積は　　２１０円＋５６０円＝７７０円

これが７日でたまったので　　７７０円÷７日＝１１０円

答、＿＿１１０円＿＿

平均算

例題１２、あかねさんは何日間かおこづかいをためました。最初の３日は平均６０円ため、残りの日は平均８０円ためると、全体の平均で毎日６８円ためたことになりました。みどりさんは何日間おこづかいをためましたか。

全体の平均が「６８円」なので、下のような面積図になります。

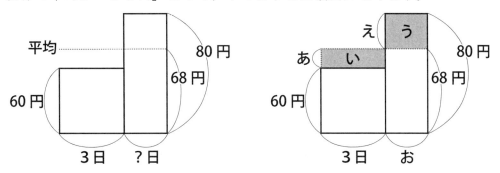

全体をならしているのが平均なので、「い」と「う」の面積は等しいことになります。

あ＝６８円－６０円＝８円　　　い＝８円×３日＝２４円…う

え＝８０円－６８円＝１２円　　　お＝２４円÷１２円＝２日

３日＋２日＝５日　　　　　　　　　　　　　　　　　　答、＿＿５日間＿＿

◆　　　◆　　　◆　　　◆　　　◆　　　◆　　　◆

★以下、全て面積図を書いて答えましょう。

問題７、ゆみこさんはテストを何科目か受けたところ、平均点が７５点になりました。明日あと１科目受けてそのテストが１００点だったら、全体の平均が８０点になります。ゆみこさんはこれまでに何科目受けましたか。

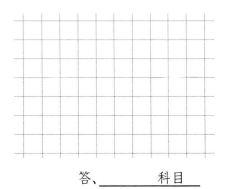

答、＿＿＿＿＿科目＿＿

平均算

問題８、１組２７人と２組２３人で、算数のテストがありました。１組と２組の全体の平均は８２．６点で、１組だけの平均は７８点でした。２組だけの平均は何点でしょうか。

答、＿＿＿＿＿点＿＿

問題９、ようこさんは１０日間毎日本を読みました。１日目から８日目までの読んだページの平均は１５ページでした。９日目はがんばって２３ページ読みました。１０日目までの平均は１６．２ページになりました。１０日目は何ページ読みましたか。

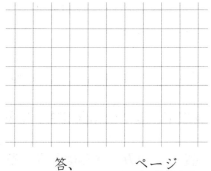

答、＿＿＿＿＿ページ

問題１０、５年生と６年生合わせて１００人が身長をはかりました。６年生４８人の平均は１５１cmで全体の平均は１４５．８cmでした。５年生の平均は何cmでしたか。

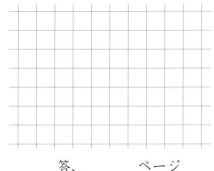

答、＿＿＿＿＿ページ

テスト１

テスト１－１、はるおくんは何日間かおこづかいをためました。最初の１２日は平均５０円ため、残りの日は平均３０円ためると、全体の平均で毎日４２円ためたことになりました。はるおくんは何日間おこづかいをためましたか。

（図８点・答８点）

答、＿＿＿＿＿日間

テスト１－２、あきおくんは１０日間おこづかいをためました。最初の７日は平均９０円ためると、１０日間の平均で毎日９６円ためることができました。あとの３日間は毎日平均何円ためましたか。（図８点・答８点）

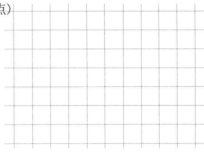

答、＿＿＿＿＿円

テスト１－３、なつこさんはテストを何科目か受けたところ、平均点が８２点になりました。明日あと１科目受けてそのテストが９４点だったら、全体の平均が８４点になります。なつこさんはこれまでに何科目受けましたか。（図９点・答８点）

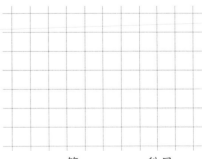

答、＿＿＿＿＿科目

テスト1

テスト1－4、ふゆみさんは何日間かおこづかいをためました。最初の１１日は平均９６円ため、残りの日は平均８０円ためると、平均で毎日９１円ためたことになりました。ふゆみさんは何日間おこづかいをためましたか。（図９点・答８点）

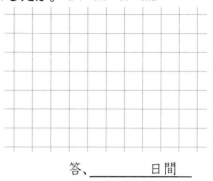

答、＿＿＿＿＿日間

テスト1－5、さつきさんは６日間毎日本を読みました。１日目は７５ページ読めました。２日目から５日目までの読んだページの平均は１日６３ページでした。全体の平均は、１日６８ページになりました。６日目は何ページ読みましたか。

（図９点・答８点）

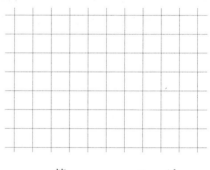

答、＿＿＿＿＿ページ

テスト1－6、あるテストを１組から３組の３クラスの生徒が受験しました。１組は３２人で平均は８９点、２組の平均は７２点、３組は３３人で平均は８４点でした。また全体の平均は８１．４点でした。２組の生徒は何人でしたか。（図９点・答８点）

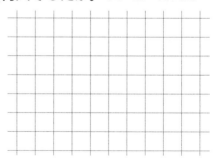

答、＿＿＿＿＿人

つるかめ算

例題１３、ツルとカメがあわせて１０匹います。足の数の合計は３２本です。ツルとカメはそれぞれ何匹ずついますか。ツルは２本足、カメは４本足です。（一般にツルは１羽、２羽と数えますが、ここでは匹と表現します）

いちばん基礎的なのは、表で解く方法です。匹数の合計が１０になるように、ツル・カメの匹数を１匹ずつ変えて、足の数が３２本になる場合をさがします。

	匹数	足数	匹数	足数	匹数	足数	匹数	足数	匹数	足数	匹数	足数	匹数
ツル	1	2	2	4	3	6	4	8	5	10	6	12	…
カメ	9	36	8	32	7	28	6	24	5	20	4	16	…
合計	10	38	10	36	10	34	10	**32**	10	30	10	28	…

答、ツル４匹（羽）、カメ６匹

また、この表から分かるように、匹数を「１」変えると足の数は「２」変わることを利用して、式で解く方法もあります。

> 「つるかめ算」の、面積図を使わない解き方は「サイパー思考力算数練習帳シリーズ１１　つるかめ算と差集め算」を学習してください。

４本×１０匹＝４０本…全部カメだとする。
４０本－３２本＝８本…本当の本数とのちがい
４本－２本＝２本…カメを１匹ツルに変えると、足の数は２本へる
８本÷２本＝４…何匹カメをツルに変えると、足の数が正しくなるか→ツルの匹数
１０匹－４匹＝６匹…カメの匹数　　　　　答、ツル４匹（羽）、カメ６匹

このテキストでは、つるかめ算を面積図で解く方法を学習します。面積図のたてを「足の数」、横を「匹数」とすると、面積が「足の数の合計」となります。

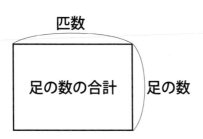

匹数

足の数の合計　足の数

つるかめ算

ツルの面積図とカメの面積図を
それぞれ書くと

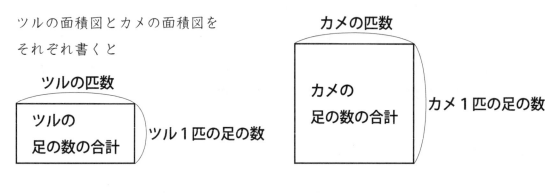

2つの面積図を合わせると

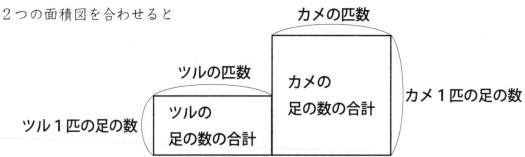

となります。この図に「例題13」の数字を書き入れます。

　ツルの足は2本、カメの足は4本、合わせて10匹、足の数の合計は32本です。

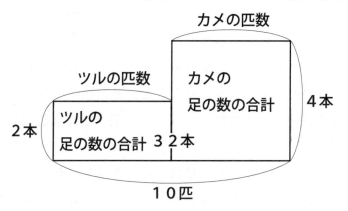

この図から考えていきましょう。

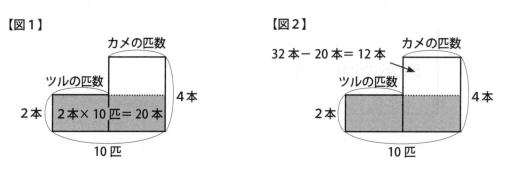

つるかめ算

P22【図1】のように、この面積図に補助線を１本引いてみましょう（点線の部分）。こうすると、点線より下の長方形（灰色の部分）の面積が求められます。

長方形（灰色の部分）は、たてが２本、横が１０匹なので、**２本×１０匹＝２０本**です。

足の数は全部で３２本でしたから、上の長方形（白い部分）の面積は、

３２本－２０本＝１２本　となります。P22【図2】。

【図2】の上の長方形（白い部分）のたては、カメの足の数とツルの足の数の差ですから　**４本－２本＝２本**　です。【図3】

上の長方形（白い部分）の面積は１２本で、たては２本とわかりましたから、よこの長さは　**１２本÷２本＝６匹**…カメの匹数【図3】

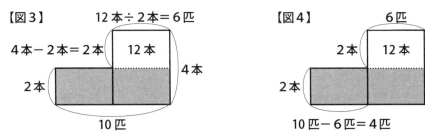

ツルの匹数は　**１０匹－６匹＝４匹（羽）**【図4】

答、<u>ツル４匹（羽）、カメ６匹</u>

◆

★別解

同じ面積図ですが、補助線を別のところに引いてみましょう。右図のように補助線を引くと、外側に大きな長方形ができます。

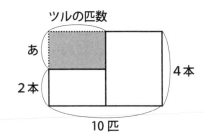

この大きな長方形の面積から求めていきます。

４本×１０匹＝４０本…大きな長方形の面積

４０本－３２本＝８本…灰色の四角形の面積　　　**あ＝４本－２本＝２本**

８本÷２本＝４匹（羽）…ツルの匹数　　　**１０匹－４匹＝６匹**…カメの匹数

答、<u>ツル４匹（羽）、カメ６匹</u>

★どちらの補助線の引き方でも、解けるようにしておきましょう。

つるかめ算

例題１４、ツルとカメがあわせて１５匹います。足の数の合計は４２本です。ツルとカメはそれぞれ何匹ずついますか。下の面積図の（あ）〜（つ）に必要な数を書き入れて求めましょう。

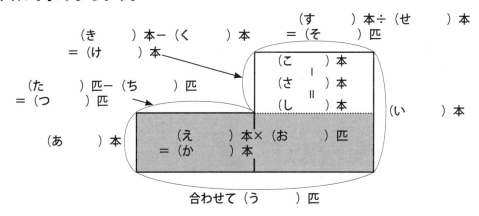

（き　　　）本－（く　　　）本
＝（け　　　）本

（す　　　）本÷（せ　　　）本
＝（そ　　　）匹

（こ　　　）本
（さ　　　）本
（し　　　）本

（い　　　）本

（た　　　）匹－（ち　　　）匹
＝（つ　　　）匹

（あ　　　）本

（え　　　）本×（お　　　）匹
＝（か　　　）本

合わせて（う　　　）匹

（あ　　　）本…ツルの足の数　　　（い　　　）本…カメの足の数

（う　　　）匹…ツルとカメの合計の匹数

（え　　　）本×（お　　　）匹＝（か　　　）本…下の灰色の長方形の面積

（き　　　）本－（く　　　）本＝（け　　　）本…ツルとカメの足の数の差

（こ　　　）本－（さ　　　）本＝（し　　　）本…上の白い長方形の面積

（す　　　）本÷（せ　　　）本＝（そ　　　）匹…カメの匹数

（た　　　）匹－（ち　　　）匹＝（つ　　　）匹…ツルの匹数

答、ツル（　　　　　）匹（羽）、カメ（　　　　　）匹

例題１４の解答

ツルの足の数（あ　**2**）本　　　カメの足の数（い　**4**）本、

ツルとカメ合わせて（う　**15**）匹

（え　**2**）本×（お　**15**）匹＝（か　**30**）本…下の灰色の長方形の面積

（き　**4**）本－（く　**2**）本＝（け　**2**）本…ツルとカメの足の数の差

（こ　**42**）本－（さ　**30**）本＝（し　**12**）本…上の白い長方形の面積

（す　**12**）本÷（せ　**2**）本＝（そ　**6**）匹…カメの匹数

（た　**15**）匹－（ち　**6**）匹＝（つ　**9**）匹…ツルの匹数

答、ツル（9）匹（羽）、カメ（6）匹

つるかめ算

例題１５、１０円玉と５０円玉があわせて１３枚あります。金額の合計は３７０円です。１０円玉と５０円玉はそれぞれ何枚ずつありますか。下の面積図に必要な数を書き入れて求めましょう。

「枚数」を「匹数」、「金額」を「足の数」と考えると、同じように解けます。
たてを「金額」、横を「枚数」にして面積図に書きましょう。

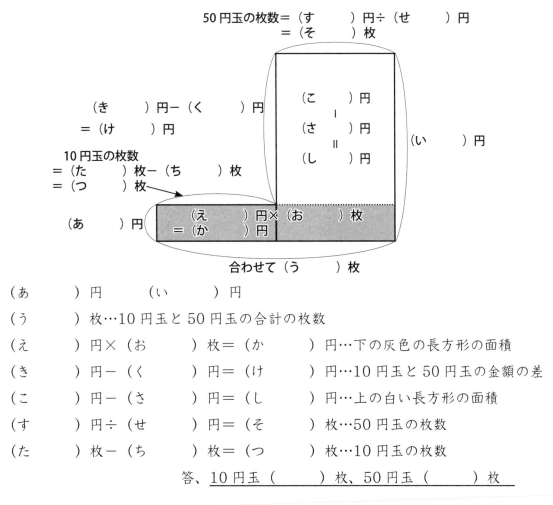

（あ　　　）円　　　　（い　　　）円

（う　　　）枚…１０円玉と５０円玉の合計の枚数

（え　　　）円×（お　　　）枚＝（か　　　）円…下の灰色の長方形の面積

（き　　　）円－（く　　　）円＝（け　　　）円…１０円玉と５０円玉の金額の差

（こ　　　）円－（さ　　　）円＝（し　　　）円…上の白い長方形の面積

（す　　　）円÷（せ　　　）円＝（そ　　　）枚…５０円玉の枚数

（た　　　）枚－（ち　　　）枚＝（つ　　　）枚…１０円玉の枚数

答、１０円玉（　　　）枚、５０円玉（　　　）枚

例題１５の解答

（あ　**１０**）円　　　（い　**５０**）円

（う　**１３**）枚…１０円玉と５０円玉の合計の枚数

（え　**１０**）円×（お　**１３**）枚＝（か　**１３０**）円…下の灰色の長方形の面積

（き　**５０**）円－（く　**１０**）円＝（け　**４０**）円…１０円玉と５０円玉の金額の差

つるかめ算

（こ　３７０）円－（さ　１３０）円＝（し　２４０）円…上の白い長方形の面積

（す　２４０）円÷（せ　４０）円＝（そ　６）枚…50円玉の枚数

（た　１３）枚－（ち　６）枚＝（つ　７）枚…10円玉の枚数

答、10円玉（７）枚、50円玉（６）枚

例題１６、みどりさんは家から駅までの１５００ｍの道のりを、最初分速８０ｍで
　　　歩きましたが、途中で分速１００ｍにしたところ、１７分かかりました。分速
　　　８０ｍ、分速１００ｍで歩いたのは、それぞれ何分間ですか。

下の図に、数字を書き入れましょう。(××ｍ/分 ＝ 分速××ｍ)

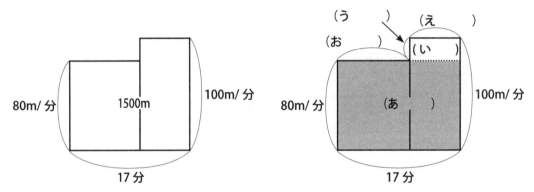

あ＝８０ｍ/分×１７分＝１３６０ｍ　　い＝１５００ｍ－１３６０ｍ＝１４０ｍ

う＝１００ｍ/分－８０ｍ/分＝２０ｍ/分　　え＝１４０ｍ÷２０ｍ＝７分

お＝１７分－７分＝１０分　　答、分速80ｍ：１０分、　分速100ｍ：７分

例題１７、けんたくんは家から駅までの１１６０ｍの道のりを、最初分速７０ｍで
　　　歩きましたが、途中で分速１００ｍにしたところ、１４分かかりました。分速
　　　７０ｍ、分速１００ｍで歩いたのは、それぞれ何分間ですか。

右の図に、数字を書き入れ
ましょう。

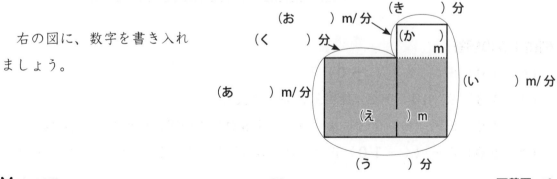

つるかめ算

（あ　　　）m/分　　　　（い　　　）m/分

（う　　　）分…駅までにかかった時間

（　　　）m/分×（　　　）分＝（え　　　）m…下の灰色の長方形の面積

（　　　）m/分−（　　　）m/分＝（お　　　）m/分…速さの差

（　　　）m−（　　　）m＝（か　　　）m…上の白い長方形の面積

（　　　）m÷（　　　）m/分＝（き　　　）分…100m/分で歩いた時間

（　　　）分−（　　　）分＝（　　　）分…70m/分で歩いた時間

答、分速70mで歩いた時間（　　　）分、分速100mで歩いた時間（　　　）分

例題１７の解答

（あ　７０）m/分　　　　（い　１００）m/分

（う　１４）分…駅までにかかった時間

（７０）m/分×（１４）分＝（え　９８０）m…下の灰色の長方形の面積

（１００）m/分−（７０）m/分＝（お　３０）m/分…速さの差

（１１６０）m−（９８０）m＝（か　１８０）m…上の白い長方形の面積

（１８０）m÷（３０）m/分＝（き　６）分…100m/分で歩いた時間

（１４）分−（６）分＝（８）分…70m/分で歩いた時間

答、分速70mで歩いた時間（８）分、分速100mで歩いた時間（６）分

例題１８、１００円と１２０円と１５０円のお菓子を合わせて１３個買うと全部で１６５０円でした。１２０円のお菓子と１５０円のお菓子は、同じ個数を買いました。それぞれ何個ずつ買いましたか。

　面積図は右のようになります。１２０円のと１５０円のは同じ個数なので、どちらも「◆個」としておきましょう。

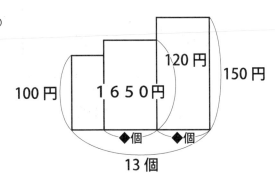

つるかめ算

補助線の引き方がポイントです。【図５】のように引いてみましょう。

すると、灰色の長方形の面積が

１００円×１３個＝１３００円 とわかり、

斜線部分の面積が **１６５０円－１３００円＝３５０円**

だとわかります。

また、【図６】より

あ＝１２０円－１００円＝２０円　い＝１５０円－１００円＝５０円 です。

さらに、斜線の部分の２つの長方形の横の長さはそれぞれ「◆個」で等しいので、それらをたてに並べると【図７】のようになり、たては

２０円＋５０円＝７０円　面積は３５０円 の長方形ができます。これより、

◆個＝３５０円÷７０円＝５個 とわかります。

【図５】

【図６】

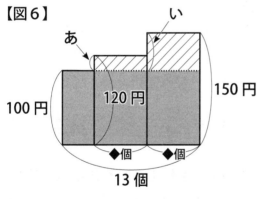

【図７】
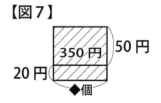

【図８】
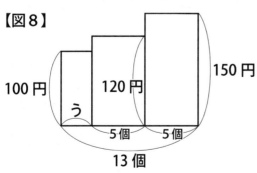

つるかめ算

【図8】より

「う」の長さ＝１３個－５個×２＝３個

　　答、100円のお菓子：3個、120円のお菓子：5個、150円のお菓子：5個

例題１９、１００円と１２０円と１５０円のお菓子を合わせて１８個買うと全部で２１４０円でした。１００円のお菓子と１２０円のお菓子は、同じ個数を買いました。それぞれ何個ずつ買いましたか。

面積図は例題１８とほぼ同じです。同じ個数を◆個で表しましょう。

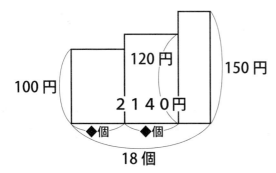

補助線の引き方がポイントです。下図のように引いてみましょう。

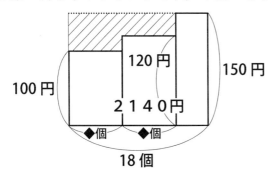

「１５０円」のたての長さに合わせて、補助線を引き、大きな長方形をつくります。すると大きな長方形の面積は　**１５０円×１８個＝２７００円**　となります。

　下の白い部分、３つの長方形の面積は２１４０円ですから、上の斜線部分の面積は**２７００円－２１４０円＝５６０円**　です。

　斜線部分の左右２つの長方形のそれぞれの横の長さは◆個で等しいので、例題１８と同じように、たてに並べて１つの長方形にしましょう。P30【図９・10】

つるかめ算

【図9】　　　　　　　　　　【図10】

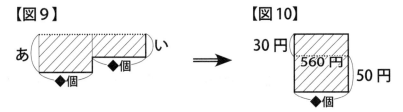

あ＝１５０円－１００円＝５０円

い＝１５０円－１２０円＝３０円

◆個＝５６０円÷（３０円＋５０円）＝７個

１８個－７個×２＝４個…１５０円のお菓子の個数

答、100円のお菓子：7個、120円のお菓子：7個、150円のお菓子：4個

◆　　　◆　　　◆　　　◆　　　◆　　　◆　　　◆

★以下、全て面積図を書いて答えましょう。

問題１１、水星人と火星人があわせて１５人います。足の数の合計は７７本です。水星人と火星人はそれぞれ何人ずついますか。ただし水星人は３本足、火星人は７本足です。

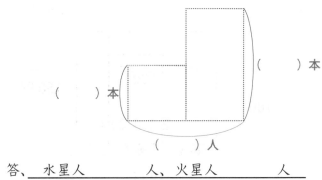

答、　水星人　　　　　人、火星人　　　　　人

問題１２、金星人と天王星人があわせて１６人います。足の数の合計は９９本です。金星人と天王星人はそれぞれ何人ずついますか。ただし金星人は４本足、天王星人は９本足です。

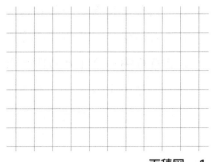

シリーズ：日本を知る社会・仕組みが分かる理科・英語	対象年齢
難関中学受験向けの問題集。506問のすべてに選択肢つき。ISBN978-4-901705-70-7 本体500円(税別)	小6以上 中学生も可
水路のイメージから電気回路の仕組みを理解します。ISBN978-4-86712-001-9 本体600円(税別)	小6以上 中学生も可
支点・力点・作用点から 重さのあるてこのつり合いまで。ISBN978-4-901705-81-3 本体500円(税別)	小6以上 中学生も可
上下の力のつり合い、4つ以上の力のつりあい、比で解くなど。ISBN978-4-901705-82-0 本体500円(税別)	小6以上 中学生も可

学習能力育成シリーズ

	対象年齢
塾の長所短所、教え込むことの弊害、学習能力の伸ばし方 ISBN978-4-901705-92-9 本体800円(税別)	保護者
栄養・睡眠・遊び・しつけと学習能力の関係を説明 ISBN978-4-901705-98-1 本体500円(税別)	保護者
マインドフルネスの成り立ちから学習への応用をわかりやすく説明 ISBN978-4-901705-99-8 本体500円(税別)	保護者

認知工学の新書シリーズ

	対象年齢
「進学塾不要論」の著者・水島醉の日々のエッセイ集 ISBN978-4-901705-94-3 本体1000円(税別)	一般成人

容に関するお問い合わせは ㈱認知工学 まで
文で5,000円(税別)未満の場合は、送料等800円がかかります。
6-7723(平日10時～16時)　FAX：075-256-7724　email：ninchi@sch.jp
京都市中京区錦小路通烏丸西入る占出山町308 ヤマチュウビル5F

M.access (エム・アクセス) の通信指導と教室指導

ム・アクセス)は、㈱認知工学の教育部門です。ご興味のある方はご請求
前、ご住所、電話番号等のご連絡先を明記の上、FAXまたはe-mailにて、
てください。e-mailの件名に「資料請求」と表示してください。教室は京
地(上記)のみです。
075-256-7724　　　TEL 075-256-7739(平日10時～16時)
ail：maccess@sch.jp　HP：http://maccess.sch.jp

CD 以下の商品は学参書店のみでの販売です。一般書店ではご注文になれません。
データ配信もしております。アマゾン・iTuneStoreでお求めください。

商品	内　　　容	本体/税別
	植木算の超難問に、細かいステップを踏んだ説明と解説をつけました。小学高学年向き。問題・解説合わせて74頁です。自学自習教材です。	2220円
	植木算の超難問に、細かいステップを踏んだ説明と解説をつけました。小学高学年向き。問題・解説合わせて117頁です。自学自習教材です。	3510円
撰	歴史上の180人の人物名を覚えます。その関連事項を聞いたあとに人物名を答える形式で歌っています。ラップ調。約52分	1500円
平野」	全国の主な川と平野を聞きなれたメロディーに乗せて歌っています。カラオケで答の部分が言えるかどうかでチェックできます。約45分	1500円
	たし算とひき算をかけ算九九と同じように歌で覚えます。基礎計算を速くするための方法です。かけ算九九の歌も入っています。カラオケ付き。約30分	1500円
配信のみ	1～100までと360の約数を全て歌で覚えます。6は1かけ6、2かけ3と歌っています。ラップ調の歌です。カラオケ付き。約35分	配信先参照
新装版	1～100までの約数をすべて書けるように練習します。「約数特訓の歌」と同じ考え方です。A4カラーで68ページ、解答4ページ。	800円

書店 (http://gakusanshoten.jpn.org/) のみ限定販売　3000円(税別)未満は送料800円
認知工学 (http://ninchi.sch.jp)にてサンプルの試読、CDの試聴ができます。

2024.10.25

M.access（エム・アクセス）編集　認知工学発行の既刊本

★は最も適した時期　●はお勧めできる時期

サイパー® 思考力算数練習帳シリーズ	内容	小1	小2	小3	小4	小5	小6	受験
シリーズ1 文章題 たし算・ひき算	たし算・ひき算の文章題を絵や図を使って練習します。ISBN978-4-901705-00-4 本体500円(税別)	★	●	●				
シリーズ2 文章題 比較・順序・線分図 新装版	数量の変化や比較の複雑な場合までを練習します。ISBN978-4-86712-102-3 本体600円(税別)		★	●	●			
シリーズ3 文章題 和差算・分配算	線分図の意味を理解し、自分で描く練習をします。ISBN978-4-901705-02-8 本体500円(税別)			★	●	●	●	
シリーズ4 文章題 たし算・ひき算 2	シリーズ1の続編、たし算・ひき算の文章題。ISBN978-4-901705-03-5 本体500円(税別)	★	●	●				
シリーズ5 量 倍と単位あたり 新装版	倍と単位当たりの考え方を直感的に理解できます。ISBN978-4-86712-105-4 本体500円(税別)				★	●	●	
シリーズ6 文章題 どっかい算	問題文を正確に読解することを練習します。整数範囲。ISBN978-4-901705-05-9 本体500円(税別)				●	★	●	●
シリーズ7 パズル +-×÷パズル	+-×÷のみを使ったパズルで、思考力がつきます。ISBN978-4-901705-06-6 本体500円(税別)				●	★	●	●
シリーズ8 文章題 速さと旅人算	速さの意味を理解します。旅人算の基礎まで。ISBN978-4-901705-07-3 本体500円(税別)					●	★	●
シリーズ9 パズル +-×÷パズル 2	+-×÷のみを使ったパズル。シリーズ7の続編。ISBN978-4-901705-08-0 本体500円(税別)					●	★	●
シリーズ10 文章題 倍から割合へ 売買算	倍と割合が同じ意味であることで理解を深めます。ISBN978-4-901705-09-7 本体500円(税別)				●	★	●	●
シリーズ11 文章題 つるかめ算・差集め算の考え方 新装版	差の変化に着目して意味を理解します。整数範囲。ISBN978-4-86712-111-5 本体600円(税別)				●	★	●	●
シリーズ12 文章題 周期算 新装版	わり算の意味と周期の関係を深く理解します。整数範囲。ISBN978-4-86712-112-2 本体600円(税別)				●	★	●	●
シリーズ13 図形 点描写 1 立方体など 新装版	点描写を通じて立体感覚・集中力・短期記憶を訓練。ISBN978-4-86712-113-9 本体600円(税別)	★	★	★				
シリーズ14 パズル 素因数パズル	素因数分解をパズルを楽しみながら理解します。ISBN978-4-901705-13-4 本体500円(税別)				●	★	●	●
シリーズ15 文章題 方陣算 1	中空方陣・中実方陣の意味から基礎問題まで。整数範囲。ISBN978-4-901705-14-1 本体500円(税別)				●	★	●	●
シリーズ16 文章題 方陣算 2	過不足を考える。2列3列の中空方陣。整数範囲。ISBN978-4-901705-15-8 本体500円(税別)				●	★	●	●
シリーズ17 図形 点描写 2 (線対称)	点描写を通じて線対称・集中力・図形センスを訓練。ISBN978-4-901705-16-5 本体500円(税別)	★	★	★				
シリーズ18 図形 点描写 3 (点対称)	点描写を通じて点対称・集中力・図形センスを訓練。ISBN978-4-901705-17-2 本体500円(税別)	●	★	★				
シリーズ19 パズル 四角わけパズル 初級	面積と約数の感覚を鍛えるパズル。九九の範囲で解ける。ISBN978-4-901705-18-9 本体500円(税別)				★	●	●	●
シリーズ20 パズル 四角わけパズル 中級	2桁×1桁の掛け算で解ける。8×8～16×16のマスまで。ISBN978-4-901705-19-6 本体500円(税別)				●	★	●	●
シリーズ21 パズル 四角わけパズル 上級	10×10～16×16のマスまでのサイズです。ISBN978-4-901705-20-2 本体500円(税別)				●	★	●	●
シリーズ22 作業 暗号パズル	暗号のルールを正確に実行することで作業性を高めます。ISBN978-4-901705-21-9 本体500円(税別)					★	●	●
シリーズ23 場合の数 書き上げて解く 順列 新装版	場合の数の順列を順序よく書き上げて作業性を高めます。ISBN978-4-86712-123-8 本体600円(税別)				●	★	★	●
シリーズ24 場合の数 書き上げて解く 組み合わせ	場合の数の組み合わせを書き上げて作業性を高めます。ISBN978-4-901705-23-3 本体500円(税別)				●	★	★	●
シリーズ25 パズル ビルディングパズル 初級	階数の異なるビルを当てはめる。立体感覚と思考力を育成。ISBN978-4-901705-24-0 本体500円(税別)	●	★	★	●			
シリーズ26 パズル ビルディングパズル 中級	ビルの入るマスは5行5列。立体感覚と思考力を育成。ISBN978-4-901705-25-7 本体500円(税別)				●	★	★	●
シリーズ27 パズル ビルディングパズル 上級	ビルの入るマスは6行6列。大人でも十分楽しめます。ISBN978-4-901705-26-4 本体500円(税別)					●	●	★
シリーズ28 文章題 植木算 新装版	植木算の考え方を基礎から学びます。整数範囲。ISBN978-4-86712-128-3 本体500円(税別)					★	●	●
シリーズ29 文章題 等差数列 上	等差数列を基礎から理解できます。3桁÷2桁の計算あり。ISBN978-4-901705-28-8 本体500円(税別)					●	★	●
シリーズ30 文章題 等差数列 下	整数の性質・規則性の理解もできます。3桁÷2桁の計算。ISBN978-4-901705-29-5 本体500円(税別)					●	★	●
シリーズ31 文章題 まんじゅう算	まんじゅう1個の重さを求める感覚。小学生のための方程式。ISBN978-4-901705-30-1 本体500円(税別)					●	★	★
シリーズ32 単位 単位の換算 上	長さ等の単位の換算を基礎から徹底的に学習します。ISBN978-4-901705-31-8 本体500円(税別)				★	●	●	●

M. access（エム・アクセス）編集　認知工学発行の既刊本　★は最も適した時期　●はお勧めできる時期

サイパー® 思考力算数練習帳シリーズ

対象学年	内容	小1	小2	小3	小4	小5	小6	受験
シリーズ33 単位　単位の換算 中	時間等の単位の換算を基礎から徹底的に学習します。ISBN978-4-901705-32-5 本体500円（税別）				●	★	●	●
シリーズ34 単位　単位の換算 下	速さの単位の換算を基礎から徹底的に学習します。ISBN978-4-901705-33-2 本体500円（税別）				●	★	●	●
シリーズ35 数の性質1　倍数・公倍数	倍数の意味から公倍数の応用問題までを徹底的に学習。ISBN978-4-901705-34-9 本体500円（税別）					★	●	●
シリーズ36 数の性質2　約数・公約数	約数の意味から公約数の応用問題までを徹底的に学習。ISBN978-4-901705-35-6 本体500円（税別）					★	●	●
シリーズ37 文章題　消去算	消去算の基礎から応用までを整数範囲で学習します。ISBN978-4-901705-36-3 本体500円（税別）					●	★	●
シリーズ38 図形　角度の基礎	角度の測り方から、三角定規・平行・時計などを練習。ISBN978-4-901705-37-0 本体500円（税別）				★	●	●	●
シリーズ39 図形　面積 上 新装版	面積の意味・正方形・長方形・平行四辺形・三角形。ISBN978-4-86712-139-9 本体600円（税別）				●	★	●	●
シリーズ40 図形　面積 下 新装版	台形・ひし形・たこ形。面積から長さを求める。ISBN978-4-86712-140-5 本体600円（税別）					●	★	●
シリーズ41 数量関係　比の基礎 新装版	比の意味から、比例式・比例配分・連比等の練習。ISBN978-4-86712-141-2 本体600円（税別）					●	★	●
シリーズ42 図形　面積 応用編1	等積変形や底辺の比と面積比の関係などを学習します。ISBN978-4-901705-96-7 本体500円（税別）					●	★	●
シリーズ43 計算　逆算の特訓 上 新装版	1から3ステップの逆算を整数範囲で学習します。ISBN978-4-86712-143-6 本体600円（税別）				●	★	●	●
シリーズ44 計算　逆算の特訓 下 新装版	あまりのあるわり算の逆算、分数範囲の逆算等を学習。ISBN978-4-86712-144-3 本体600円（税別）					●	★	●
シリーズ45 文章題　どっかいざん 2	問題の書きかたの難しい文章題。たしざんひきざん範囲。ISBN978-4-901705-83-7 本体500円（税別）	●	★	●	●			
シリーズ46 図形　体積 上 新装版	体積の意味・立方体・直方体・○柱・○錐の体積の求め方まで。ISBN978-86712-146-7 本体600円（税別）					●	★	●
シリーズ47 図形　体積 容積	容積、不規則な形のものの体積、容器に入る水の体積。ISBN978-4-86712-047-7 本体500円（税別）					●	★	●
シリーズ48 文章題　通過算	鉄橋の通過、列車同士のすれちがい、追い越しなどの問題。ISBN978-4-86712-048-4 本体500円（税別）					●	★	●
シリーズ49 文章題　流水算	川を上る船、下る船、船の行き交いに関する問題。ISBN978-4-86712-049-1 本体500円（税別）					●	★	●
シリーズ50 数の性質3　倍数・約数の応用1 新装版	倍数・約数とあまりとの関係に関する問題・応用1。ISBN978-4-86712-150-4 本体600円（税別）					●	★	●
シリーズ51 数の性質4　倍数・約数の応用2	公倍数・公約数とあまりとの関係に関する問題・応用2。ISBN978-4-86712-051-4 本体500円（税別）					●	★	●
シリーズ52 文章題　面積図1	面積図の考え方・平均算・つるかめ算。ISBN978-4-86712-052-1 本体500円（税別）					●	★	●
シリーズ53 文章題　面積図2	差集め算・過不足算・濃度・個数が逆。ISBN978-4-86712-053-8 本体500円（税別）					●	★	●
シリーズ54 文章題　ひょうでとくもんだい	つるかめ算・差集め算・過不足算を表を使って解く。ISBN978-4-86712-154-2 本体600円（税別）		●	★	●			
シリーズ55 文章題　等しく分ける	数の大小関係、倍の関係、均等に分ける、数直線の基礎。ISBN978-4-86712-155-9 本体600円（税別）		●	●	★	●		

サイパー® 国語読解の特訓シリーズ

対象学年	内容	小1	小2	小3	小4	小5	小6	受験
シリーズ一 文の組み立て特訓	修飾・被修飾の関係をくり返し練習します。ISBN978-4-901705-50-9 本体500円（税別）				●	★	●	
シリーズ三 指示語の特訓 上 新装版	指示語がしめす内容を正確にとらえる練習をします。ISBN978-4-86712-203-7 本体600円（税別）				●	★	●	
シリーズ四 指示語の特訓 下	指示語上の応用問題です。長文での練習をします。ISBN978-4-901705-53-0 本体500円（税別）					●	★	●
シリーズ五 こくごどっかいのとっくん・小1レベル	ひらがなとカタカナ・文節にわける・文のかきかえなど。ISBN978-4-901705-54-7 本体500円（税別）	★	●					
シリーズ六 こくごどっかいのとっくん・小2レベル	文の並べかえ・かきかえ・こそあど言葉・助詞の使い方。ISBN978-4-901705-55-4 本体500円（税別）		★	●				
シリーズ七 語彙（ごい）の特訓 甲	文字を並べかえるパズルをして語彙を増やします。ISBN978-4-901705-56-1 本体500円（税別）			★	●	●		
シリーズ八 語彙（ごい）の特訓 乙	甲より難しい内容の形容詞・形容動詞を扱います。ISBN978-4-901705-57-8 本体500円（税別）				★	●	●	

サイパー® 国語読解の特訓シリーズ（続き）

シリーズ九 読書の特訓 甲	芥川龍之介の「鼻」。助詞・接続語の練習。ISBN978-4-901705-58-5 本体500円（税別）
シリーズ十 読書の特訓 乙	有島武郎の「一房の葡萄」。助詞・接続語の練習。ISBN978-4-901705-59-2 本体500円（税別）
シリーズ十一 作文の特訓 甲	間違った文・分かりにくい文を訂正して作文力... ISBN978-4-901705-60-8 本体500円（税別）
シリーズ十二 作文の特訓 乙	敬語や副詞の呼応など言葉のきまりを学習し... ISBN978-4-901705-61-5 本体500円（税別）
シリーズ十三 読書の特訓 丙	宮沢賢治の「オツベルと象」。助詞・接続語の... ISBN978-4-901705-62-2 本体500円（税別）
シリーズ十四 読書の特訓 丁	森鴎外の「高瀬舟」。助詞・接続語の練習。ISBN978-4-901705-63-9 本体500円（税別）
シリーズ十五 文の書きかえ特訓	体言止め・〜こと・受身・自動詞/他動詞の書き... ISBN978-4-901705-64-6 本体500円（税別）
シリーズ十六 新・文の並べかえ特訓 上	文節を並べかえて正しい文を作る。2〜4文節、... ISBN978-4-901705-65-3 本体500円（税別）
シリーズ十七 新・文の並べかえ特訓 中	文節を並べかえて正しい文を作る。4文節、中... ISBN978-4-901705-66-0 本体500円（税別）
シリーズ十八 新・文の並べかえ特訓 下	文節を並べかえて正しい文を作る。4文節以上... ISBN978-4-901705-67-7 本体500円（税別）
シリーズ十九 論理の特訓 甲	論理的思考の基礎を言葉を使って学習。入門編。ISBN978-4-901705-68-4 本体500円（税別）
シリーズ二十 論理の特訓 乙	論理的思考の基礎を言葉を使って学習。応用編。ISBN978-4-901705-69-1 本体500円（税別）
シリーズ二十一 かんじパズル 甲	パズルでたのしくかんじをおぼえよう。1,2年配当... ISBN978-4-901705-85-1 本体500円（税別）
シリーズ二十二 漢字パズル 乙	パズルで楽しく漢字を覚えよう。3,4年配当漢字。ISBN978-4-901705-86-8 本体500円（税別）
シリーズ二十三 漢字パズル 丙	パズルで楽しく漢字を覚えよう。5,6年配当漢字。ISBN978-4-901705-87-5 本体500円（税別）
シリーズ二十四 敬語の特訓	正しい敬語の使い方。教養としての敬語。ISBN978-4-901705-88-2 本体500円（税別）
シリーズ二十六 つづりかえの特訓 乙	単語のつづり・多様な知識を身につけよう。ISBN978-4-901705-77-6 本体500円（税別）（同「...
シリーズ二十七 要約の特訓 上	楽しく文章を書きます。読解と要約の特訓。ISBN978-4-901705-78-3 本体500円（税別）
シリーズ二十八 要約の特訓 中 新装版	楽しく文章を書きます。読解と要約の特訓。上の続き... ISBN978-4-86712-228-0 本体500円（税別）
シリーズ二十九 文の組み立て特訓 主語・述語専科	主語・述語の関係の特訓、文の構造を理解する。ISBN978-4-901705-43-1 本体500円（税別）
シリーズ三十 文の組み立て特訓 修飾・被修飾専科	修飾・被修飾の関係の特訓、文の構造を理解する。ISBN978-4-901705-44-8 本体500円（税別）
シリーズ三十一 文法の特訓 名詞編	名詞とは何か。名詞の分類を学習します。ISBN978-4-901705-45-5 本体500円（税別）
シリーズ三十二 文法の特訓 動詞編 上	五段活用、上一段活用、下一段活用を学習します。ISBN978-4-901705-46-2 本体500円（税別）
シリーズ三十三 文法の特訓 動詞編 下	カ行変格活用、サ行変格活用と動詞の応用を学習します。ISBN978-4-901705-47-9 本体500円（税別）
シリーズ三十四 文法の特訓 形容詞・形容動詞編	形容詞と形容動詞の役割と意味 活用・難しい判別 総合。ISBN978-4-86712-48-6 本体500円（税別）
シリーズ三十五 文法の特訓 副詞・連体詞編	副詞・連体詞の役割と意味 呼応 犠牲・擬態語 総合。ISBN978-4-901705-49-3 本体500円（税別）
シリーズ三十六 文法の特訓 助動詞・助詞編	助動詞・助詞の役割と意味 助動詞の活用 総合。ISBN978-4-901705-71-4 本体500円（税別）
シリーズ三十七 要約の特訓 下 実践編	楽しく文章を書きます。シリーズ27,28の続きで完結編。ISBN978-4-901705-72-1 本体500円（税別）
シリーズ三十八 十回音読と音読書写 甲	これだけで国語力UP。音読と書写の毎日訓練。「ロシアの... 話」ISBN978-4-901705-73-8 本体500円（税別）
シリーズ三十九 十回音読と音読書写 乙	これだけで国語力UP。音読と書写の毎日訓練。「ごんぎ... ISBN978-4-901705-74-5 本体500円（税別）
シリーズ四十 一回黙読と（かっこ）要約 甲	（　）を埋めて要約することで、文の精読の訓練ができます。ISBN978-4-901705-84-4 本体500円（税別）
シリーズ四十一 一回黙読と（かっこ）要約 乙	（　）を埋めて要約することで、文の精読の訓練ができます。ISBN978-4-901705-91-2 本体500円（税別）

※「新装版」について。問題・解答など、本文内容は旧版...

サイパー®（右欄・一部切れ）

- 社会シリーズ1　日本史人名一問一答
- 理科シリーズ1　電気の特訓 新装版
- 理科シリーズ2　てこの基礎 上
- 理科シリーズ3　てこの基礎 下

- 新・中学受験は自宅で... － 学習塾とうまくつき...
- 中学受験は自宅でできる... お母さんが高める子...
- 中学受験は自宅でできる... マインドフルネス学...

講師の ひとり思う事 ...

書籍等の内容...
直接のご注...
TEL：075-25...
〒604-815...

M.access（エ...
下さい。お名...
資料請求をし...
都市本社所在...
FAX...
e-mail...

直販限定書籍、CDについては...

直販限定商...
- 超・植木算1　難関中学向け
- 超・植木算2　難関中学向け
- 日本史人物18...　音楽CD
- 日本地理「川と...　音楽CD
- 九九セット　音楽CD
- 約数特訓の歌　音楽CD デ...
- 約数特訓練習帳...　プリント教材

学参...

つるかめ算

問題１３、１０円玉と５０円玉があわせて１５枚あります。金額の合計は３９０円です。１０円玉と５０円玉はそれぞれ何枚ずつありますか。

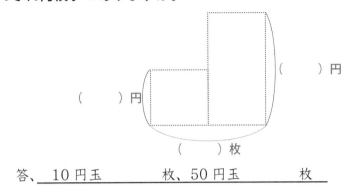

（　　　）円

（　　　）円

（　　　）枚

答、１０円玉　　　　枚、５０円玉　　　　枚

問題１４、１００円玉と５００円玉があわせて２０枚あります。金額の合計は６４００円です。１００円玉と５００円玉はそれぞれ何枚ずつありますか。

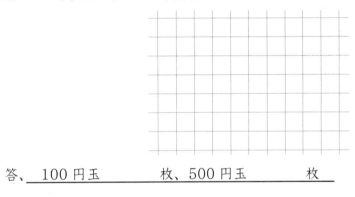

答、１００円玉　　　　枚、５００円玉　　　　枚

問題１５、ゆうじくんは本を読むのに、最初は毎日８ページずつ読み、ある日より毎日５ページずつ読むと、１６日で１０１ページ読めました。８ページずつ読んだ日数と５ページずつ読んだ日数は、それぞれ何日間ですか。

答、８ページ　　　　日間、５ページ　　　　日間

つるかめ算

問題１６、みどりさんは家から駅までの１１００ｍの道のりを、最初分速７０ｍで
　歩きましたが、途中で分速９０ｍにしたところ、１４分かかりました。分速７０ｍ、
　分速９０ｍで歩いたのは、それぞれ何分間ですか。

答、　分速70m　　　　　分間、分速90m　　　　　分間

問題１７、１００円と１３０円と１６０円のお菓子を合わせて１９個買うと全部で
　２４４０円でした。１３０円のお菓子と１６０円のお菓子は、同じ個数を買いま
　した。それぞれ何個ずつ買いましたか。

答、　100 円　　　　　個、130 円　　　　　個、160 円　　　　　個

問題１８、９０円と１２０円と１４０円のお菓子を合わせて２１個買うと全部で
　２３８０円でした。９０円のお菓子と１２０円のお菓子は、同じ個数を買いました。
　それぞれ何個ずつ買いましたか。

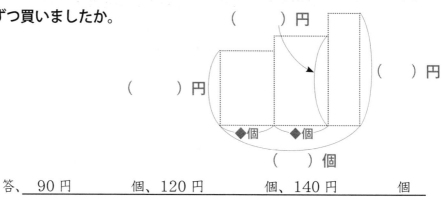

（　　）円

（　　）円

（　　）円

◆個　　◆個

（　　）個

答、　90 円　　　　　個、120 円　　　　　個、140 円　　　　　個

つるかめ算

問題１９、いちろうくんは家から駅までの１４９０ｍの道のりを、最初分速６０ｍ
　　で歩きましたが、途中で分速９０ｍにしました。しばらくするとつかれたので、
　　分速５０ｍにしたところ、全部で２２分かかりました。分速６０ｍと分速５０ｍ
　　で歩いたのは同じ時間でした。分速６０ｍ、分速９０ｍ、分速５０ｍで歩いたのは、
　　それぞれ何分間ですか。

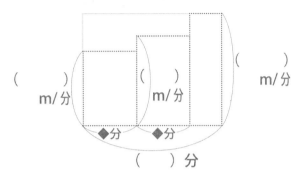

答、　分速60m　　　　分間、分速90m　　　　分間、分速50m　　　　分間

問題２０、じろうくんは家から駅までの２１３０ｍの道のりを、最初分速７０ｍで
　　歩きましたが、途中で分速８０ｍにしました。しばらくするとつかれたので、分
　　速６０ｍにしたところ、全部で３０分かかりました。分速７０ｍと分速８０ｍで
　　歩いたのは同じ時間でした。分速７０ｍ、分速８０ｍ、分速６０ｍで歩いたのは、
　　それぞれ何分間ですか。

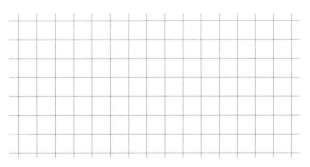

答、　分速70m　　　　分間、分速80m　　　　分間、分速60m　　　　分間

テスト2

★以下、全て面積図を書いて答えましょう。

テスト2−1、木星人と土星人があわせて１７人います。足の数の合計は１１２本です。木星人と土星人はそれぞれ何人ずついますか。ただし木星人は５本足、土星人は８本足です。（図５点、答５点）

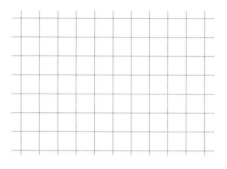

答、木星人　　　　　人、土星人　　　　　人

テスト2−2、１０円玉と１００円玉があわせて２０枚あります。金額の合計は５６０円です。１０円玉と１００円玉はそれぞれ何枚ずつありますか。

（図５点、答５点）

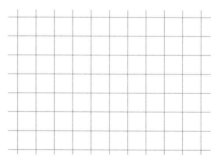

答、１０円玉　　　　　枚、１００円玉　　　　　枚

テスト2

テスト2-3、みつひろくんは本を読むのに、最初は毎日9ページずつ読み、ある日より毎日6ページずつ読むと、15日で111ページ読めました。9ページずつ読んだ日数と6ページずつ読んだ日数は、それぞれ何日間ですか。(図5点、答5点)

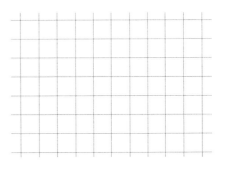

答、9ページ ＿＿＿＿ 日間、6ページ ＿＿＿＿ 日間

テスト2-4、やすおくんは全部で78mあるかべにペンキをぬる仕事をしました。最初は毎日7mずつぬり、ある日より毎日12mずつぬると、9日でちょうど終わりました。7mずつぬった日数と12mずつぬった日数は、それぞれ何日間ですか。(図5点、答5点)

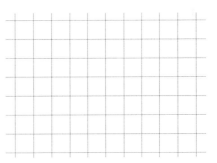

答、7m ＿＿＿＿ 日間、12m ＿＿＿＿ 日間

テスト2

テスト2－5、べにこさんは家から駅までの１６３０ｍの道のりを、最初分速６５
ｍで歩きましたが、途中で分速８５ｍにしたところ、２２分かかりました。分速
６５ｍ、分速８５ｍで歩いたのは、それぞれ何分間ですか。（図5点、答5点）

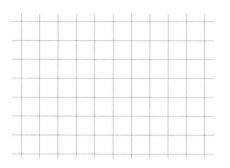

答、　分速65m　　　　　分間、分速85m　　　　分間

テスト2－6、５０円と８０円と９０円のお菓子を合わせて２８個買うと全部で
１９７０円でした。５０円のお菓子と８０円のお菓子は、同じ個数を買いました。
それぞれ何個ずつ買いましたか。（図5点、答5点）

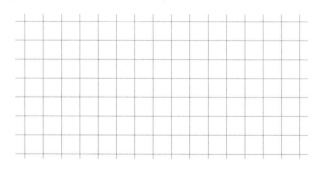

答、　50円　　　　　個、80円　　　　　個、90円　　　　個

テスト２

テスト２－７、３５０円と４８０円と５６０円のケーキを合わせて１９個買うと全部で８３５０円でした。４８０円のケーキと５６０円のケーキは、同じ個数を買いました。それぞれ何個ずつ買いましたか。（図５点、答５点）

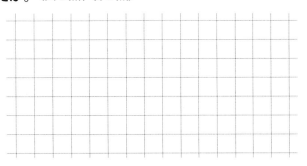

答、 350 円　　　　　個、480 円　　　　　個、560 円　　　　　個

テスト２－８、せいじくんは家から駅までの３４８０ｍの道のりを、最初分速８５ｍで歩きましたが、途中でつかれて分速７０ｍにしました。しばらくすると元気がもどったので分速８０ｍにしたところ、全部で４４分かかりました。分速８５ｍと分速８０ｍで歩いたのは同じ時間でした。分速８５ｍ、分速８０ｍ、分速７０ｍで歩いたのは、それぞれ何分間ですか。（図５点、答５点）

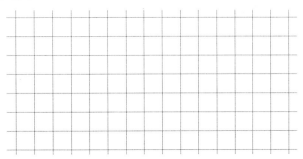

答、 分速85m　　　　分間、分速80m　　　　分間、分速70m　　　　分間

テスト2

テスト2－9、５０円と６０円と７０円と８０円のお菓子を合わせて１３個買うと全部で８３０円でした。６０円・７０円・８０円のお菓子は、同じ個数を買いました。それぞれ何個ずつ買いましたか。（図５点、答５点）

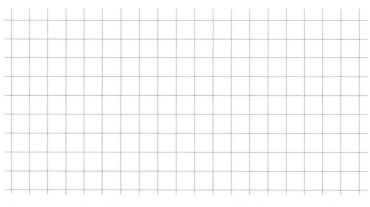

答、　５０円　　　　　個、６０円　　　　　個、７０円　　　　　個、８０円　　　　　個

テスト2－10、ひろしくんは家から２０５０m離れた駅まで行くのに２５分かかりました。最初かけ足で分速１００mで行きましたがつかれたので分速６５mでゆっくり歩きました。そうすると電車に間に合わなそうなので、分速７０mにしましたが、それでも間に合わなそうなので、分速９０mの早歩きにしました。ひろしくんが分速６５m・分速７０m・分速９０mで歩いた時間は同じでした。それぞれ何分ずつだったでしょうか。（図５点、答５点）

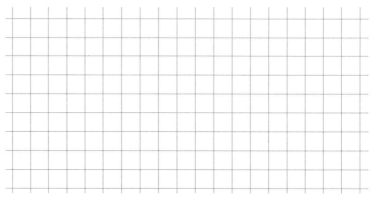

答、　分速100m　　　　分、分速65m　　　　分、
　　　分速70m　　　　分、分速90m　　　　分

解答　解き方は一例です

※面積図は、解く時の方針の手助けになっていれば、それで正解にしてください。

P10

問題1　（5冊）

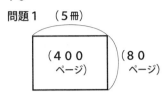

問題2　（7ダース）

問題3　（23本）

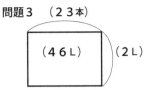

P14

問題4

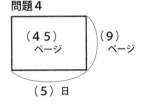

問題5

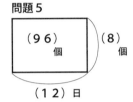

問題6

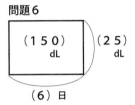

P17

問題7

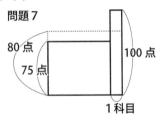

100点－80点＝20点

20点×1科目＝20点

80点－75点＝5点

20点÷5点＝4科目

4科目

P18

問題8

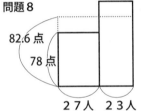

78点×27人＝2106点

82.6点×（27人＋23人）＝4130点

4130点－2106点＝2024点

2024点÷23人＝88点

88点

問題9

15ページ×8日＝120ページ

16.2ページ×10日＝162ページ

162ページ－（120ページ＋23ページ）＝19ページ

19ページ÷1日＝19ページ

19ページ

P18

問題10

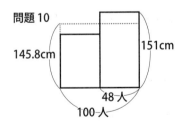

145.8cm×100人＝14580cm

151cm×48人＝7248cm

14580cm－7248cm＝7332cm

7332cm÷（100人－48人）＝141cm

141cm

P19

テスト1－1

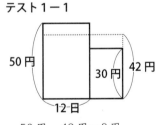

50円－42円＝8円

8円×12日＝96円

42円－30円＝12円

96円÷12日＝8日

12日＋8日＝20日

20日間

テスト1－2

90円×7日＝630円

96円×10日＝960円

960円－630円＝330円

330円÷3日＝110円

110円

解答

P19

テスト1-3

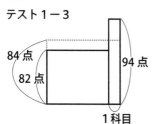

84点
82点
94点
1科目

94 点 － 84 点 ＝ 10 点
10 点 × 1 科目 ＝ 10 点
84 点 － 82 点 ＝ 2 点
10 点 ÷ 2 点 ＝ 5 科目

<u>5科目</u>

P20

テスト1-4

96円
80円
91円
11日

96 円 － 91 円 ＝ 5 円
5 円 × 11 日 ＝ 55 円
91 円 － 80 円 ＝ 11 円
55 円 ÷ 11 円 ＝ 5 日
11 日 ＋ 5 日 ＝ 16 日

<u>16日間</u>

P20

テスト1-5

75ページ
63ページ
68ページ
1日目 2～5日目 6日目

75 ページ × 1 日 ＝ 75 ページ
63 ページ × 4 日 ＝ 252 ページ
68 ページ × 6 日 ＝ 408 ページ
408 ページ － (75 ページ ＋ 252 ページ) ＝ 81 ページ
81 ページ × 1 日 ＝ 81 ページ

<u>81ページ</u>

P20

テスト1-6

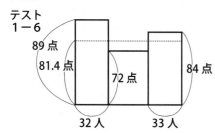

89点
81.4点
72点
84点
32人 33人

89 点 － 81.4 点 ＝ 7.6 点
7.6 点 × 32 人 ＝ 243.2 点
84 点 － 81.4 点 ＝ 2.6 点
2.6 点 × 33 点 ＝ 85.8 点
81.4 点 － 72 点 ＝ 9.4 点
(243.2 点 ＋ 85.8 点) ÷ 9.4 点 ＝ 35 人

<u>35人</u>

P30

問題11

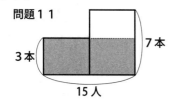

7本
3本
15人

3 本 × 15 人 ＝ 45 本　　77 本 － 45 本 ＝ 32 本
7 本 － 3 本 ＝ 4 本
32 本 ÷ 4 本 ＝ 8 人…火星人　　15 人 － 8 人 ＝ 7 人…水星人

<u>水星人　7人、火星人　8人</u>

別解 (別解の図は省略　以下同)

7 本 × 15 人 ＝ 105 本　　105 本 － 77 本 ＝ 28 本
7 本 － 3 本 ＝ 4 本
28 本 ÷ 4 本 ＝ 7 人…水星人　　15 人 － 7 人 ＝ 8 人…火星人

解答

P30

問題12

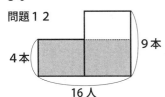

4本×16人＝64本　　99本－64本＝35本

9本－4本＝5本

35本÷5本＝7人…天王星人　　16人－7人＝9人…金星人

<u>　　　　　　　　　　金星人　9人、天王星人　7人　</u>

別解

9本×16人＝144本　　144本－99本＝45本

9本－4本＝5本

45本÷5本＝9人…金星人　　16人－9人＝7人…天王星人

P31

問題13

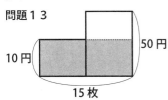

10円×15枚＝150円　　390円－150円＝240円

50円－10円＝40円

240円÷40円＝6枚…50円玉　　15枚－6枚＝9枚…10円玉

<u>　　　　　　　　　　10円玉　9枚、50円玉　6枚　</u>

別解

50円×15枚＝750円　　750円－390円＝360円

50円－10円＝40円

360円÷40円＝9枚…10円玉　　15枚－9枚＝6枚…50円玉

問題14

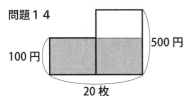

100円×20枚＝2000円　6400円－2000円＝4400円

500円－100円＝400円

4400円÷400円＝11枚…500円玉　20枚－11枚＝9枚…100円玉

<u>　　　　　　　　　　100円玉　9枚、500円玉　11枚　</u>

別解

500円×20枚＝10000円　　10000円－6400円＝3600円

500円－100円＝400円

3600円÷400円＝9枚…100円玉　20枚－9枚＝11枚…500円玉

問題15

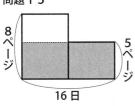

5ページ×16日＝80ページ　　101ページ－80ページ＝21ページ

8ページ－5ページ＝3ページ

21ページ÷3ページ＝7日…8ページ　　16日－7日＝9日…5ページ

<u>　　　　　　　　　　8ページ　7日間、5ページ　9日間　</u>

別解

8ページ×16日＝128ページ　　128ページ－101ページ＝27ページ

8ページ－5ページ＝3ページ

27ページ÷3ページ＝9日…5ページ　　16日－9日＝7日…8ページ

解答

P３２

問題１６

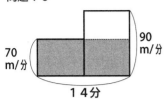

70m/分 × 14 分 ＝ 980m　　1100m － 980m ＝ 120m

90m/分 － 70m/分 ＝ 20m/分

120m ÷ 20m/分 ＝ 6 分…90m/分　　14 分 － 6 分 ＝ 8 分…70m/分

<u>　分速70m　8分、分速90m　6分　</u>

別解

90m/分 × 14 分 ＝ 1260m　　1260m － 1100m ＝ 160m

90m/分 － 70m/分 ＝ 20m/分

160m ÷ 20m/分 ＝ 8 分…70m/分　　14 分 － 8 分 ＝ 6 分…90m/分

問題１７

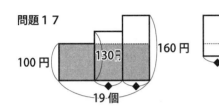

100 円 × 19 個 ＝ 1900 円　　2440 円 － 1900 円 ＝ 540 円

130 円 － 100 円 ＝ 30 円　　160 円 － 100 円 ＝ 60 円

30 円 ＋ 60 円 ＝ 90 円　　540 円 ÷ 90 円 ＝ 6 個…◆

19 個 － 6 個 × 2 ＝ 7 個…100 円

<u>　100 円　7 個、130 円　6 個、160 円　6 個　</u>

問題１８

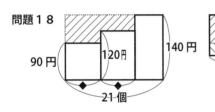

140 円 × 21 個 ＝ 2940 円　　2940 円 － 2380 円 ＝ 560 円

140 円 － 90 円 ＝ 50 円　　140 円 － 120 円 ＝ 20 円

50 円 ＋ 20 円 ＝ 70 円　　560 円 ÷ 70 円 ＝ 8 個…◆

21 個 － 8 個 × 2 ＝ 5 個…140 円

<u>　90 円　8 個、120 円　8 個、140 円　5 個　</u>

P３３

問題１９

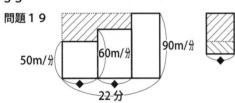

90m/分 × 22 分 ＝ 1980m

1980m － 1490m ＝ 490m

90m/分 － 50m/分 ＝ 40m/分

90m/分 － 60m/分 ＝ 30m/分

40m/分 ＋ 30m/分 ＝ 70m/分

490m ÷ 70m/分 ＝ 7 分…◆

22 分 － 7 分 × 2 ＝ 8 分…90m/分

<u>　分速60m　7分、分速90m　8分、分速50m　7分　</u>

問題２０

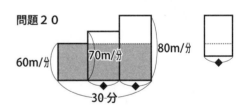

60m/分 × 30 分 ＝ 1800m

2130m － 1800m ＝ 330m

70m/分 － 60m/分 ＝ 10m/分

80m/分 － 60m/分 ＝ 20m/分

10m/分 ＋ 20m/分 ＝ 30m/分

330m ÷ 30m/分 ＝ 11 分…◆

30 分 － 11 分 × 2 ＝ 8 分…60m/分

<u>　分速70m　１１分、分速80m　１１分、分速60m　8分　</u>

解答

P34

テスト2－1

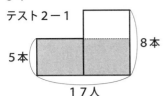

5本×17人＝85本　　112本－85本＝27本　　8本－5本＝3本

27本÷3本＝9人…土星人　　17人－9人＝8人…木星人

<u>　　　　　　　　　　　　木星人　8人、土星人　9人　</u>

別解

8本×17人＝136本　　136本－112本＝24本　　8本－5本＝3本

24本÷3本＝8人…木星人　　17人－8人＝9人…土星人

テスト2－2

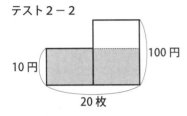

10円×20枚＝200円　　560円－200円＝360円

100円－10円＝90円

360円÷90円＝4枚…100円玉　　20枚－4枚＝16枚…10円玉

<u>　　　　　　10円玉　16枚、100円玉　4枚　</u>

別解

100円×20枚＝2000円　　2000円－560円＝1440円

100円－10円＝90円

1440円÷90円＝16枚…10円玉　　20枚－16枚＝4枚…100円玉

P35

テスト2－3

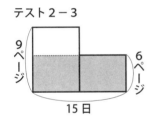

6ページ×15日＝90ページ　　111ページ－90ページ＝21ページ

9ページ－6ページ＝3ページ

21ページ÷3ページ＝7日…9ページ　　15日－7日＝8日…6ページ

<u>　　　　　　　9ページ　7日、6ページ　8日　</u>

別解

9ページ×15日＝135ページ　　135ページ－111ページ＝24ページ

9ページ－6ページ＝3ページ

24ページ÷3ページ＝8日…6ページ　　15日－8日＝7日…9ページ

テスト2－4

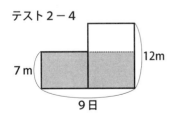

7m×9日＝63m　　78m－63m＝15m

12m－7m＝5m

15m÷5m＝3日…12m　　9日－3日＝6日…7m

<u>　　　　　　7m　6日、12m　3日　</u>

別解

12m×9日＝108m　　108m－78m＝30m

12m－7m＝5m

30m÷5m＝6日…7m　　9日－6日＝3日…12m

解答

P36

テスト2-5

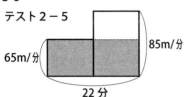

65m/分 × 22分 = 1430m   1630m － 1430m = 200m

85m/分 － 65m/分 = 20m/分

200m ÷ 20m/分 = 10分…85m/分   22分 － 10分 = 12分…65m/分

<u>分速65m　12分、分速85m　10分</u>

別解

85m/分 × 22分 = 1870m   1870m － 1630m = 240m

85m/分 － 65m/分 = 20m/分

240m ÷ 20m/分 = 12分…65m/分   22分 － 12分 = 10分…85m/分

テスト2-6

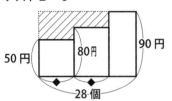

90円 × 28個 = 2520円   2520円 － 1970円 = 550円

90円 － 50円 = 40円   90円 － 80円 = 10円

40円 ＋ 10円 = 50円   550円 ÷ 50円 = 11個…◆

28個 － 11個 × 2 = 6個…90円

<u>50円　11個、80円　11個、90円　6個</u>

P37

テスト2-7

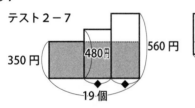

350円 × 19個 = 6650円   8350円 － 6650円 = 1700円

480円 － 350円 = 130円   560円 － 350円 = 210円

130円 ＋ 210円 = 340円   1700円 ÷ 340円 = 5個…◆

19個 － 5個 × 2 = 9個…350円

<u>350円　9個、480円　5個、560円　5個</u>

テスト2-8

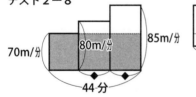

70m/分 × 44分 = 3080m   3480m － 3080m = 400m

80m/分 － 70m/分 = 10m/分   85m/分 － 70m/分 = 15m/分

10m/分 ＋ 15m/分 = 25m/分   400m ÷ 25m/分 = 16分…◆

44分 － 16分 × 2 = 12分…70m/分

<u>分速85m　16分、分速80m　16分、分速70m　12分</u>

P38

テスト2-9

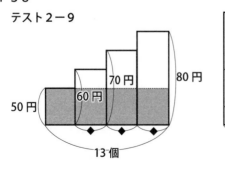

50円 × 13個 = 650円

830円 － 650円 = 180円

60円 － 50円 = 10円

70円 － 50円 = 20円

80円 － 50円 = 30円

10円 ＋ 20円 ＋ 30円 = 60円

180円 ÷ 60円 = 3個…◆

13個 － 3個 × 3 = 4個…50円

<u>50円　4個、60円　3個、70円　3個、80円　3個</u>

解答

テスト２－１０

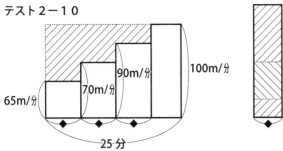

100m/分×25 分＝2500m　　2500m － 2050m ＝ 450m

100m/分－ 65m/分＝ 35m/分　　100m/分－ 70m/分＝ 30m/分

100m/分－ 90m/分＝ 10m/分　　35m/分＋ 30m/分＋ 10m/分＝ 75m/分

450m ÷ 75m/分＝ 6 分…◆　　25 分－ 6 分×3 ＝ 7 分…100m/分

<u>分速100m　7分、分速65m　6分、分速70m　6分、分速90m　6分</u>

M.acceess　学びの理念

☆**学びたいという気持ちが大切です**
　勉強を強制されていると感じているのではなく、心から学びたいと思っていることが、
　子どもを伸ばします。

☆**意味を理解し納得する事が学びです**
　たとえば、公式を丸暗記して当てはめて解くのは正しい姿勢ではありません。意味を理
　解し納得するまで考えることが本当の学習です。

☆**学びには生きた経験が必要です**
　家の手伝い、スポーツ、友人関係、近所付き合いや学校生活もしっかりできて、「学び」の
　姿勢は育ちます。
　生きた経験を伴いながら、学びたいという心を持ち、意味を理解、納得する学習をすれ
　ば、負担を感じるほどの多くの問題をこなさずとも、子どもたちはそれぞれの目標を達成
　することができます。

発刊のことば

　「生きてゆく」ということは、道のない道を歩いて行くようなものです。「答」のない問題を解
くようなものです。今まで人はみんなそれぞれ道のない道を歩き、「答」のない問題を解いてきま
した。
　子どもたちの未来にも、定まった「答」はありません。もちろん「解き方」や「公式」もありません。
　私たちの後を継いで世界の明日を支えてゆく彼らにもっとも必要な、そして今、社会でもっと
も求められている力は、この「解き方」も「公式」も「答」すらもない問題を解いてゆく力では
ないでしょうか。
　人間のはるかに及ばない、素晴らしい速さで計算を行うコンピューターでさえ、「解き方」のな
い問題を解く力はありません。特にこれからの人間に求められているのは、「解き方」も「公式」
も「答」もない問題を解いてゆく力であると、私たちは確信しています。
　M.access の教材が、これからの社会を支え、新しい世界を創造してゆく子どもたちの成長
に、少しでも役立つことを願ってやみません。

思考力算数練習帳シリーズ
シリーズ５２　面積図１　面積図の基本・平均算・つるかめ算（速さ含む）小数範囲

初版　第１刷
　　　編集者　M.access（エム・アクセス）
　　　発行所　株式会社　認知工学
　　　〒６０４−８１５５　京都市中京区錦小路烏丸西入ル占出山町 308
　　　電話　（０７５）２５６−７７２３　　email：ninchi@sch.jp
　　　郵便振替　０１０８０−９−１９３６２　株式会社認知工学

ISBN978-4-86712-052-1　C-6341　　　　A520122L　M

定価＝　本体５００円　＋税